复古风

家居设计与搭配

凤凰空间
董靖葶　编

江苏凤凰科学技术出版社 · 南京

图书在版编目（CIP）数据

复古风家居设计与搭配 / 凤凰空间，董靖葶编 . ——
南京 ：江苏凤凰科学技术出版社 ，2024.1
  ISBN 978-7-5713-3833-6

  Ⅰ . ①复… Ⅱ . ①凤… ②董… Ⅲ . ①住宅－室内装
饰设计 Ⅳ . ① TU241

  中国国家版本馆 CIP 数据核字 (2023) 第 204840 号

复古风家居设计与搭配

编　　　者	凤凰空间 董靖葶	
项 目 策 划	凤凰空间 / 刘立颖	
责 任 编 辑	赵　研　刘屹立	
特 约 编 辑	刘立颖	

出 版 发 行	江苏凤凰科学技术出版社	
出版社地址	南京市湖南路 1 号 A 楼，邮编：210009	
出版社网址	http://www.pspress.cn	
总 经 销	天津凤凰空间文化传媒有限公司	
总经销网址	http://www.ifengspace.cn	
印　　　刷	雅迪云印（天津）科技有限公司	

开　　　本	710 mm×1000 mm　1/16	
印　　　张	9	
字　　　数	100 000	
版　　　次	2024 年 1 月第 1 版	
印　　　次	2024 年 1 月第 1 次印刷	

标 准 书 号	ISBN 978-7-5713-3833-6	
定　　　价	49.80 元	

图书如有印装质量问题，可随时向销售部调换（电话：022-87893668）。

目录
contents

第三章　案例解析

第一章 复古风的表现形式

美式复古风格

关键词：自由氛围、低饱和度配色、怀旧材料、实木家具

低饱和度配色与怀旧材料决定氛围

提到美式风格，很多人脑海中浮现出的场景通常是休闲、温馨且不失优雅的。其中配色对于美式风格的塑造起到很关键的作用，无论是我们熟知的古典美式风格、美式乡村风格还是南加州风格，用到的颜色搭配大多是低饱和度的配色，并且带有一些优雅且怀旧的质感。

在材料的选择上，精致的美式古典风格可以考虑拼花木地板、低饱和度的乳胶漆配色搭配同色石膏墙线或者实木墙面嵌板、顶棚欧式石膏配件或灯盘的万能搭配，这种做法沿袭了古典的英式民宅风格，并在此基础上做了一部分减法，可以很好地体现出业主的优雅品位。

R:208 G:211 B:212	C:22 M:15 Y:15 K:0
R:215 G:210 B:197	C:19 M:17 Y:23 K:0
R:164 G:170 B:132	C:43 M:29 Y:52 K:0
R:132 G:152 B:149	C:55 M:35 Y:40 K:0
R:100 G:81 B:61	C:64 M:66 Y:78 K:24
R:72 G:55 B:41	C:68 M:73 Y:83 K:44

▲▶清爽一些的蛋壳青、浅米色，乃至浅灰色都是很好的环境色。对于一些喜欢随意、自然的业主来说，美式乡村风格的大地系配色也是一个很好的选择。土黄色、暗棕色，以及咖啡色会很容易让人联想到美国西部的度假别墅，自然、粗犷却让人放松

图片来源：末那识室内设计

如果家中空间允许，还可以加入壁炉这一加分利器。虽然它的使用功能已经被替代，但是它所承载的岁月底蕴依然可以为我们的空间增加一些复古味儿。

除此之外，大量的阔叶绿植、仙人掌，以及原生态的牛皮或羊毛地毯也是不可或缺的装饰元素，可以更好地激发出人与自然之间的共鸣。

▶亚光的仿古瓷砖、带有肌理感的墙面涂料或者粗糙的文化砖、顶棚木板饰面以及木梁绝对是营造美式乡村风格的绝佳选择，越是纯粹、质朴的材料，越可以体现出美国西部狂放不羁的生活态度

图片来源：研己设计

图片来源：桃弥空间设计

◀大量木质材料的加入让空间氛围更加温润自然，轻松营造出世外桃源般的美式乡村风格

精致且简练的实木家具

与美式建筑相同，美式家具的原型依然是从欧式家具中演化出来的，但由于美国人生活方式的不同，美式家具更为简洁、实用且厚重。

经典的美式家具在材料上多以樱桃木、桃花心木或胡桃木为主，质感硬挺、精致，并且通体呈现出带有岁月痕迹的深木色泽。家具细节优雅，造型简洁干练，多在腿足、柱子以及靠背、顶板处雕花点缀，不会有过于繁复的装饰。

一般来讲，美式家具腿部以模仿动物足部为主，比如经典的"安妮女王椅"的腿部模仿的是优雅的猫爪。此外，金鹰、麦穗、盾牌以及莨叶等元素也常出现在家具构件中。

图片来源：末那识室内设计

◀实用也是美式家具的一大特点，如果原材料来自上好的实木，那么一件家具可以用上几十年。在美式风格的空间中，实木家具通常拥有着最中心的位置

对于美式乡村风格来说，家具需要呈现更为粗犷、简洁的效果。什么样的家具适合美式乡村呢？带有各色各样的稀有纹理，甚至在生长期中由于病理变化产生特殊纹理的树木，都非常适合用来制作美式乡村风格的家具。有一些家具的表面也会刻意采取做旧处理，模仿出一种经过岁月打磨的自然效果。

而今，纯牛皮、棉麻等材质的运用越来越多，它们往往被用作沙发、座椅的靠背以及坐垫材料，不仅为空间增添了更多慵懒、舒适的氛围，而且其触感往往要比实木家具舒适得多。

▼家装的色彩基调对于整体空间情绪的调动与调节影响颇深。自然材料的运用能让家居色彩温馨明快，让整体氛围返璞归真，居住者也会更为惬意和放松

图片来源：桃弥空间设计

图片来源：桃弥空间设计

▲带有纹理的浅色木质家具与简洁质朴的同色调装饰品为空间增添了温暖与惬意的感觉

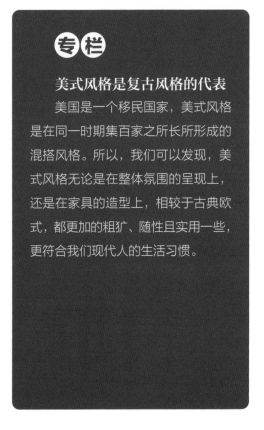

专栏

美式风格是复古风格的代表

美国是一个移民国家，美式风格是在同一时期集百家之所长所形成的混搭风格。所以，我们可以发现，美式风格无论是在整体氛围的呈现上，还是在家具的造型上，相较于古典欧式，都更加的粗犷、随性且实用一些，更符合我们现代人的生活习惯。

轻法式风格

关键词：浪漫优雅、低饱和度奶油色、线条、拱券、精致的家居配饰

用温暖细腻的材质、配色营造氛围

想要打造合格的轻法式风格空间，氛围感的营造十分重要。如果把风格比作人，那么轻法式风格必定是一位美丽优雅的妙龄少女，装扮虽然简洁轻盈，但仍然掩盖不住她的美丽气质。所以，设计师在材质以及颜色的选择上，一定要有所克制，避免夸张的颜色与材料让清新的空间氛围变得艳俗。

在墙面装饰部分，无论是选择粉刷涂料还是安装护墙板，柔和的奶油系配色是首选，它们的色彩饱和度以及明亮度恰到好处，比纯白色更高级，比灰色系更温和。

尤其是当阳光充盈于室内的时候，奶油系配色可以让空间的优雅质感发挥到最大值。不过，选择奶油色时一定要记住这个准则：奶油系配色 = 低饱和度 + 高明度 + 暖色调。

只要按照这个准则配色，无论怎么选颜色，都不会出错。

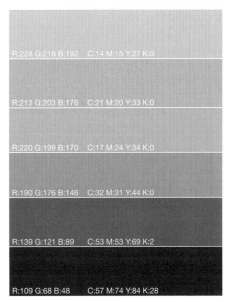

R:228 G:218 B:192　C:14 M:15 Y:27 K:0

R:213 G:203 B:176　C:21 M:20 Y:33 K:0

R:220 G:199 B:170　C:17 M:24 Y:34 K:0

R:190 G:176 B:146　C:32 M:31 Y:44 K:0

R:139 G:121 B:89　C:53 M:53 Y:69 K:2

R:109 G:68 B:48　C:57 M:74 Y:84 K:28

▲空间的点缀色可以选择砖红色、焦糖色这类低饱和度、低明度、高纯度的暖色，它们就像草莓蛋糕当中的水果夹心一样，不仅可以丰富蛋糕的口感层次，而且可以中和奶油带来的甜腻感

　　地面铺装首推木地板，它们温润的颜色以及独有的木质纹理，是打造复古风格的必要条件。

图片来源：舍间设计

图片来源：末那识设计

▲如果墙面颜色较浅，可以考虑木色较轻的橡木色地板；如果墙面或者家具颜色较深，那胡桃木色的地板是比较适合的选择

▲如果预算充足，鱼骨拼、人字拼或者简单的拼花地板，会让空间拥有更丰富的材质层次表现

❧ 精致线条与拱券的运用

　　复古风格家居的常客——拱券，起源于古罗马建筑。它是把建筑材料一块块排列起来逐渐向中间靠拢，合拢为拱顶或拱门，目的是可以免去很多承重的柱子或墙壁，并造出较大的内部空间。随着时代的发展，拱券也越来越多地被运用于室内，成为纯粹的装饰结构。

▼▶在轻法式风格的空间中，不需要对拱券进行过多装饰，只需保留它最原始的结构（半圆拱形），其优美的线条与结构感可以为轻法式风格氛围的营造起到极好的烘托作用

图片来源：末那识室内设计

图片来源：深白设计

◀即使墙面不做任何装饰，只要把拱券结构表现到位，也可以做出非常高级的复古格调

无论是墙顶面的石膏线、聚氨酯（PU）线，还是护墙板上面的线形工艺槽，都是轻法式风格空间内部常见的装饰元素，但是我们在选择线条线型的时候，一定要注意的一个点就是：精致纤巧。如果要搭配角花或灯盘，也要尽可能避免造型上的强硬朗感以及过于厚重复杂的花形。要是找不到要领的话，可以去看看洛可可时期宫殿的内部装潢，或许可以获得更多的灵感。

图片来源：深白设计

▶墙面线条的宽度要适宜，中小户型的墙面线条宽度保证在 4 cm 以内就基本不会出错

柔软优雅的家具与精巧的配饰

轻法式风格作为一种衍生复古风格，会更加偏重于现代年轻人的审美和使用习惯，因此在选择家具的时候，可以更随性一些。艾塔丽莉家具（B&B ITALIA）的变色龙沙发、写意空间的贝壳沙发、休闲椅等，基本上是轻法式风格的常客了，它们的共同点可以总结为：如云朵一般的柔软质感、富有律动感的曲线结构、像动物毛皮一样舒适的布料。

图片来源：壹研设计

▶精巧但不夸张的配饰将轻法式风格的氛围烘托得刚刚好，凸显居住者优雅与浪漫的气质

桌椅、柜体等家具材质，多以胡桃木、樱桃木、山毛榉为主。它们在保留了法式家具优雅特点的同时，又能做到简洁轻盈。比较经典的搭配如迈克·索耐特（Michael Thonet）系列家具、来自英国小镇的温莎椅、摩登的贝壳椅与埃罗·沙李宁设计的郁金香桌等。

▶桌椅的靠背、桌腿等结构线条往往以弧线或简化柱式为主，搭配局部的欧式构件流露出精致感

图片来源：未那识室内设计

图片来源：未那识室内设计

除了家具，在陈设品的选择上，也需要遵循"精致"原则。

◀一些铜制把手、窗帘挂钩以及精致的画框或镜子都可以为轻法式风格空间起到很不错的点缀作用

图片来源：深白设计

▲能为空间带来特殊光影氛围的百叶窗、精巧的铜制或水晶吊灯、材质层次分明的灰白纹石材壁炉以及有着精美装裱的印象派绘画作品，都是轻法式风格氛围的标配

专栏

轻法式风格，你心动了吗？

　　了解过西方艺术史的朋友们都知道，以浪漫纤细著称的艺术风格"洛可可"起源于 18 世纪的法国，因此法式风格往往给人带来一种浪漫、优雅以及华贵的印象。

　　但在室内设计领域，有很多业主乃至设计师对法式风格可以说是"既爱又怕"：爱的是它浪漫慵懒的氛围；怕的是如果没有深厚的艺术修养与设计能力做支撑，想要打造纯正的法式风格实在是心有余而力不足。

　　而近几年开始流行的轻法式风格，在保留了法式风格的精髓的同时，又简化甚至舍弃掉了它的繁复元素，哪怕是初入装修领域的新手，只要掌握住风格精髓，也可以做出不错的效果。

摩登复古风格

关键词：色彩碰撞、自由搭配

❧ 色彩碰撞彰显摩登质感

摩登复古风格中的色彩，就像玛丽莲·梦露的金发红唇一样，是非常关键的部分。所以说具有冲击力的色彩与图形表现，就是摩登复古风格鲜明的标签。当然，不同的空间氛围，所用到的色彩搭配技巧也会有所区别。

如果你希望家里的氛围是文艺且富有情怀的，那么在颜色的选择上就需要相对克制一些，可以考虑用一到两个低饱和度、低明度、高纯度的重点色，搭配大面积低饱和度、低明度、低纯度的背景色作为色彩方案。如果你的品位独特且个性十足，有着优秀的色彩审美和把控能力，那不妨稍微尝试大胆一些的配色，例如多个偏高饱和度、高纯度的重点色与黑白灰调和。

R:0 G:48 B:60	C:97 M:78 Y:65 K:42
R:0 G:38 B:62	C:100 M:89 Y:61 K:40
R:83 G:40 B:79	C:75 M:95 Y:52 K:22
R:87 G:42 B:50	C:63 M:86 Y:71 K:40
R:135 G:131 B:77	C:56 M:47 Y:79 K:1
R:29 G:28 B:28	C:84 M:80 Y:78 K:64

▲重点色塑造空间性格，例如墨绿色、姜黄色、海军蓝色、赭红色等，这类颜色都非常经典。背景色则作为配角起烘托作用，例如奶茶色、卡其色等

▶重点色能给人带来更强的视觉冲击，而黑白灰作为非彩色系统色，可以起到很好的平衡作用

图片来源：晓安设计

　　除此之外，在色环上相隔较远的两个高纯度、低饱和度色相搭也是一种很高级的搭配方式。总之，色彩搭配的思路与手法千千万万，找到自己喜欢并且容易适应的形式才是最重要的。

　　墙面装饰则可以沿用美式复古风格的思路，无论是墙面石膏线条还是护墙板都是比较百搭的元素。当然，如果想要有更好的表现效果，带有场景氛围的图案壁纸也是一个不错的选择，在家中合适的位置小面积铺设，可以起到画龙点睛的作用。

▲在摩登复古风格的空间中，地面多以铺设地板或亚光纯色地砖为主，能够起到衬托的作用

▲材质的图案也可以选择更夸张一些的，例如千鸟格、黑白条纹及其他的矩阵排列图案，或者是具有极强表现力的天然纹理，这些图案都可以让我们的家更具有摩登复古风格氛围

不拘泥于形式的软装选型

比起之前讲过的两种风格，摩登复古风格的家具选型要自由得多，只要你喜欢，威达（Vitra）的潘通椅和安妮女王椅放在一起都会好看。当然，软装搭配的呈现效果各有千秋，但不是所有人都拥有超强的搭配能力，所以我们为各位读者提供了两个搭配思路。

第一种搭配思路，我们可以称它为中古路线，即在家具的选择上，可以考虑用一些简洁却不失优雅的现代或近代家居（如索耐特椅、温莎椅等），去搭配一两件具有历史感的老古董，瞬间使空间充满文艺又摩登的氛围，让其颇具怀旧的时尚感。

图片来源：七巧天工室内设计

▲布艺类如窗帘、桌布的面料多以丝绒、天鹅绒甚至丝绸等微微带有缎光质感的材质为主，它们具有极强的色彩与材质表现力

图片来源：七巧天工室内设计

▲拉丝黄铜、水晶材料也是打造摩登复古风格的重要元素，它们大多会出现在装饰灯、画框、五金、装饰摆件之中，为空间增添华丽感

第二种搭配思路，是"老瓶装新酒"的搭配思路。古典的硬装氛围搭配现代家具，是一种非常鲜明的风格碰撞，兼具复古情怀和现代理念。硬装氛围并不用拘泥于传统形式。家具可以考虑经典的现代款式，舒适简洁，功能性也十分强（想了解这类家具的朋友，可以去看菲利普·威尔金森的《伟大的设计》这本书，感受现代经典家居的魅力）。当然，这种搭配思路非常考验设计者的能力以及知识积淀。因此，如果你初入装修领域，想要尝试这种思路，建议把这项工作交给更专业的设计师去做。

图片来源：桐话空间

▲繁复的石膏线圈边或欧式墙板搭配高饱和度亮色，本身就是一种十分摩登的视觉体验

图片来源：虫工空间设计

◀现代家具的结构设计十分具有前瞻性和生命力，看似简单，却处处是细节

专栏

演绎摩登复古范儿

如果你是个时尚达人，有着优秀的审美以及搭配能力，那摩登复古风格绝对非常适合你。摩登复古风格不拘泥于形式，哪怕是将今年米兰家具展上的新款家具与古典的大理石壁炉放在一起，只要搭配得当，也完全可以展现出"1+1>2"的视觉效果。

所以，摩登复古风格也可以说是一种混搭风格，它将古典的浪漫情怀与现代人对生活的需求和审美互相结合，呈现出来的氛围会根据设计者和使用者的品位而变化。它可以是浪漫的，也可以是夸张的，甚至是现代的。

中式复古风格

关键词：洋为中用、中式元素

❖ 洋为中用——构建民国风格与海派调性

　　我们都知道，中国传统的雕刻与绘画技艺是非常讲究的。到了清朝，艺术品以及家具的装饰与雕花已经到了繁琐矫饰的地步。然而民国时期，或许是受到了西方美术运动的影响，人们开始摒弃传统的繁复造型和装饰，更乐于追求简洁的几何结构，造型复杂的欧式构件经过演化，也变得更加的简洁干练且规则，颇有中式沉稳大气的质感。

　　从我们能够看到的民国时期的大量室内资料中可以发现，那时候的设计师们习惯采用中西元素混搭的设计手法去营造空间氛围。这样既可以保证空间的功能性，又能兼顾中国人独有的审美情趣。

图片来源：小红书家居博主 Mentals 的家

图片来源：小红书家居博主 Mentals 的家

◀中式复古风的精髓在于它永不过时的精致与风情，以及海纳百川、兼收并蓄的大家风范在民国风格中，设计师们习惯用纯色去追求简洁的几何化效果，色彩多为中性调和色，并且每个空间格调都趋向于统一，整体上呈现出一种大气、稳重的氛围，因此常见的环境色往往为白色、茶色、象牙白等。我们可以通过中国的工笔画来寻求色彩灵感。

然而在近几年，一种更为摩登的海派风格逐渐流行，四平八稳的中性色被浓艳的墨绿、孔雀蓝、朱砂红、姜黄等颜色替代，如同歌女身上的旗袍，妩媚又温婉，和传统的民国风格形成鲜明对比。

图片来源：末那识室内设计

▲以墨绿色为主色调，空间既有传统的风雅又流露出摩登的气质，别有一番韵味

图片来源：小红书家居博主 Mentals 的家

▲无论是门窗、墙板、地板，还是细小的装饰线条，统统选择深色木质，营造稳重、内敛的氛围

在硬装的构造上，我们可以沿用英式或美式的设计框架，再将其中复杂的欧式元素进行简化或取舍。在纹饰或装饰线条的选择上，细平板线或造型简洁的嵌板就能满足绝大部分墙面装饰需求，如果想要更正统的味道，可以在顶面加上高度为 10cm 或以上的虎头线。

地面材质的运用也更加多元化，在玄关、厨房等小面积空间中，适当地点缀一些带有黑白几何图案的花砖，可以为空间赋予更强的表现力。所以说，室内设计风格的终点，永远都是混搭。

🎐 中式元素画龙点睛

　　构建完框架，我们再来填充内容。对于中小户型，如果想要打造相对纯正的中式复古风格，软装材料的选择与氛围的营造是非常重要的！家具的选择以结构简洁、体型较大的西式或现代家具为主，比起传统的中式家具，更需注重其功能性。

▲在空间中加入一些中式元素，例如明朝的圈椅或官帽椅、中式花架，甚至是奶奶年轻时用过的樟木箱子，这些充满岁月感的中式物件与西式的装修风格碰撞出的火花，可谓是画龙点睛

　　装饰元素的运用其实也是有非常多的延伸空间的。如果你去过苏州园林，一定会对那里形式多样、意境十足的漏花窗产生深刻印象。我们可以将这些优美的纹饰引入家中，作为隔断或者窗扇中的主体结构去构建，如果再搭配上带有几何图案的彩色玻璃，浓郁的复古风情家居便被轻松塑造出来。

　　绘有大面积中式图案的壁纸搭配简洁的矮护墙板，也是一个简单又极其出效果的方法。

　　我们还可以尽情发挥审美，挑选带有中式元素的装饰物，比如：装裱好的书法作品或者颜色清淡雅致的工笔画、满载东方雅意的黑底雕漆屏风、形体优雅的青花瓷花器或唐三彩骏马摆件、精致的苏绣窗帘或桌旗抱枕，以及颇有刚柔并济之意的中式插花。请相信，只要把装饰陈设的细节做到位，中西风格混搭空间一定会带给你惊喜。

▲花窗是中国古典园林建筑中一种窗的装饰和美化形式，花窗等装饰元素的运用，不仅让整个空间更精致、典雅，而且承担了分割空间、通风透光的实用功能

图片来源：未那识室内设计

▲如果没有十足的把握，就请尽量选择配色清雅且富有意境的图案或装饰元素

专栏

中式复古风格，优雅从容最耐看

中西风格混搭的历史，大概可以追溯到明朝。随着海运的发展以及世界市场的建立，来自中国的艺术品源源不断地输送到西方，并在一定程度上对西方的审美情趣和艺术风格产生了潜移默化的影响，以至于出现了持续很长时间的"中国风"。在18世纪中叶的英国，中式美学被运用到了各个领域，如室内陈设、花园设计、装饰设计。

民国时期，随着西方文化的渗入导致中国当时的文化形态发生了巨大的变化，"西洋风"装修成为民国上流人士的标配，尤其是在上海、南京等地。随着近十几年来民国剧的热播，老上海的装修风格又重新回到了大众视野，成为中式复古风格的一个小分支。

南洋风复古风格

关键词：东南亚风情、空间感、自然元素

🌀 南洋风，炎炎夏日之中的一抹清凉

我们先来谈一谈东南亚国家给人带来的第一印象：热带季风及雨林气候带来的炎热潮湿、大片的热带阔叶植物。所以，南洋风的居室往往都会给人带来一种沉寂感，目的是拂去身体上的炎热，寻求心灵平静。

在我们能看到的南洋风的设计案例中，90% 以上是以低饱和草木绿色或茶色为主体环境色，这是一种非常经典的南洋风配色。

R:183 G:206 B:151	C:36 M:11 Y:49 K:0
R:155 G:174 B:137	C:46 M:25 Y:51 K:0
R:117 G:123 B:78	C:62 M:48 Y:78 K:4
R:77 G:90 B:49	C:73 M:57 Y:93 K:23
R:61 G:68 B:30	C:76 M:63 Y:100 K:40
R:29 G:28 B:28	C:84 M:80 Y:78 K:64

▲这样的配色含蓄且神秘，能够让人联想到大片的阔叶绿植，同时给人带来一种清爽放松的心理暗示

▶花砖是南洋风的点睛之笔，它们相对浓艳的色彩和规则的几何形状，可以让风格更加跳脱摩登

图片来源：桃弥空间设计

如果你想让家里的东南亚风情更重一些，可以考虑下有着大片热带植物图案的壁纸。而对于其他硬装材料，如门窗、护墙板、地板以及各种装饰线条，尽量选择沉木色、黑色或少量白色进行调和。除此之外，局部空间搭配一些花砖，可以起到锦上添花的效果。

在南洋风复古风格中，空间感的塑造也是很重要的，我们可以适当运用不同形式的拱门去优化空间结构，让家里的异域风情更为浓厚。在拱门结构的选择上，除了最常见的圆拱门、平拱门外，一些具有东南亚特色的三叶圆形拱门也是比较合适的选择。

▶如果家中面积足够大，可以尝试采用1：2：1的连续拱形结构去划分功能区，它带来的空间层次效果自不必说，异域风情也拿捏得刚刚好

❦ 自然元素是南洋风的灵魂

打造南洋风复古风格的空间，除了在室内铺陈绿色之外，还有一点就是尽可能使用自然材质。南洋风家具多以柚木、胡桃木以及竹编材质为主，构造轻盈、优雅且风格各异，纹理鲜明、自然。窗帘首选实木百叶窗或竹帘，比起布艺窗帘，它能够在遮阳的同时，保证屋内良好的通风效果。当然，如果还想让家中清凉感加倍，搭配一个实木顶装风扇吧！虽然现在家家都有空调，风扇本身的流通空气功能已不再重要，但是它所营造的氛围感可是任何家具都比不上的！

图片来源：桃弥空间设计

▲复古绿书房中的藤编书房顶、黑色百叶折叠门、中古实木收纳斗柜，这些装饰元素在营造自然沉稳氛围的同时，还兼具十足的使用功能，为居住者打造出适合读书、学习的"精神博物馆"

▼沙发、座椅、柜门以及床的靠背材料为常见的藤编元素，独特的编织结构带有很强的透气性，即使在热带气候环境中也能让使用者倍感凉爽

图片来源：青岛舟不离空间设计

如果你不是"植物杀手"，那就尽情地在家中放置绿植吧，像龟背竹、散尾葵、旅人蕉等阔叶植物，其茂密的顶冠和繁盛的生命力，可以让你在家中就能拥有置身雨林般的感受。其他的配饰，例如金漆黑底屏风、配色清雅的青花瓷、雕刻着复杂东南亚纹样的装饰隔断等，都是非常棒的点缀元素。

图片来源：桃弥空间设计

▶奶牛皮地毯、桐菊流水图与梅花的屏风、郎红陶瓷花瓶将复古风情诠释得淋漓尽致

南洋风复古风格的由来

"南洋"这个叫法，来自明清时期，其实就是现在的新加坡、泰国、越南等东南亚国家。那南洋和复古风有什么关系呢？这就要简单和大家讲讲历史：欧洲人自大航海时代以来，不断对外殖民，东南亚地区便成了他们的猎食目标。在当时，东南亚除泰国尚能保持独立以外，其余地区分别被荷兰、英国、葡萄牙、法国、西班牙占领；到了清末、民国时期，一些粤闽区域的百姓为了躲避战乱南下新加坡与马来西亚，在那里生根发芽。渐渐地，欧式风格、中式风格与南洋本土风格经过融合后，形成了一种新的装修风格，既保留了东南亚风格的热情奔放、中式风格的深沉温厚，又具备了欧式风格的浪漫精致、风情万种；视觉效果既复古又时髦，氛围也更加悠闲惬意。

第二章　设计元素与运用

天花板

☙ 欧式角线描绘复古风格

在我们所见到的复古风格案例中，屋顶的造型处理方式多以铺贴石膏角线为主，这样做不但可以为空间赋予复古氛围，而且起到视觉分隔的效果、丰富空间层次的作用。

从设计角度去考量，这种做法不挑房屋层高，施工难度小，成本低，是很多设计师或自装业主的常用手法。

但如果线条的比例或选型掌控不好，效果反而会大打折扣。以下介绍的几个方法，希望可以为正准备采用复古风格的装修者或者为方案伏案挠头的设计师们带来一些灵感。

如果不想花费太多心思以及预算，单层角线搭配好也可以很出彩

在线型的选择上，可以考虑虎头线、水滴线、瓦楞线等。就 2.8 m 的层高来说，建议选择高度在 200 mm 以内的角线。

图片来源：青岛舟不离空间设计

图片来源：家居博名 Mentals 的家

▲ 单层角线层次分明，古典感强，只需要一根线条，就可以营造出素线与浮雕线搭配的效果

比起单根角线的使用，组合线的搭配会更适合层高较高或复古氛围较浓的空间

通过不同尺寸平线与角线的灵活搭配，可以凸显出丰富的层次效果。在花型的选择上，素线搭配浮雕线，素线搭配素线是绝对不会出错的。当然，美是不会被定义的，如果想要营造出更为独特的效果，可以大胆尝试！

图片来源：研己设计　　图片来源：末那识室内设计

▲对于小空间来说，素线简洁的形体感可以很好地平衡浮雕线的复杂结构

如果安装了中央空调，可以选择顶角线搭配平贴线

为了保证空调高度不降低，可以选择 80 ~ 100 mm 的顶角线搭配顶面平贴线，这样做可以从视觉上拉伸层高，并保证装饰角线适宜的层次比例。

对于较大空间的屋顶，可以搭配大小适宜的灯盘

即使装饰了顶角线，也难以避免屋顶大面积留白问题，就好像一幅精心装裱的画框中是一张白纸。因此大小适宜的雕花灯盘是一个很棒的选择，它不仅可以填补屋顶空白，确立中心位置，而且可以起到衬托灯具的作用。

图片来源：虫工空间设计

▲▼在选择灯盘的时候，不要只顾着看造型哦！要记住它只是灯具的配角，如果主次不分，灯盘反而成了累赘

图片来源：深白设计

▶除了灯盘，天花板顶面上精巧细致的框线与角花也是较为常见的装饰手法，如果空间较大，可以采用双框线的形式。顶面平贴线一定要细密精巧，能够起到增添层次感的效果就够了，切忌过度装饰！

图片来源：墨菲设计

曲线吊顶构建古典空间感

回顾欧洲室内设计史，我们可以发现百年前的欧洲住宅设计往往沿袭了当时的建筑风格，除了繁复的雕花与壁画，室内空间的屋顶也具有非常强烈的建筑结构特点，弯曲而向上的弧线构成的拱顶仿佛要触碰到天际，它带来的是一种庄严的美感。无论是中世纪还是文艺复兴、巴洛克或新古典主义时期，建筑形式永远是在变化着的，顶部结构经过长时间演化也拥有了更多形式。

在现代住宅中，欧式拱顶已经失去了它原本的建筑功能，更多地被解构为家装风格中的装饰元素，原有的庄严感褪去后，浮现的是优雅与灵动。

如果层高在 3 m 以上，可以考虑将欧式古典建筑的屋顶结构带到我们的生活空间中来。

◀比起石膏线，这种屋顶特有的结构美感使其造型更加简洁与耐看，在空间感的营造上也是无与伦比的

图片来源：末那识室内设计

在屋顶的四个边进行倒弧处理是比较简单的做法，能将屋顶与墙壁之间的界限模糊掉，营造出向上的流动感。

像阁楼、地下室等纵向尺寸大的空间，可以尝试一下起源于中世纪的哥特顶，它是一种肋式十字拱顶，整体造型带有浓厚的宗教氛围。

图片来源：桃弥空间设计

图片来源：桃弥空间设计

▲自然光线照射进来，投射到哥特顶面所带来的光影变幻，为空间蒙上一层神秘面纱

墙面

要点 2

精致线条勾勒立面层次

在"要点1"中，我们详细讲述了如何用顶面角线去营造古典氛围。同样的，欧式线条在墙面的应用也是由来已久。

对于中小户型来说，墙面线条的选择要注意一个原则：精致。在体量感方面，宽度保持在 4 cm 以内为宜，因为我们要打造的是复古空间，而非传统的古典空间，所以只需要借助欧式线条浅浅勾勒出轮廓，为后期添置的家具做映衬即可，点到即止。

在材质方面，以石膏线与 PU 线居多。如果想要呈现更为厚重、沉稳的效果，深色的实木线条也是一个不错的选择。

图片来源：壹研空间设计

图片来源：舍间设计

▲简单而精致的线条可以增加墙面的设计感却不会让空间显得拥挤、繁复

▲如果对最终效果没有十足把握，就尽可能选择简洁流畅的线条，哪怕只是最简单的半圆平线，只要设计适宜的排布方式，就一样是高级且耐看的

石膏线与 PU 线的区别

　　一般家庭常用的欧式线条制品分为石膏线与 PU 线两种。从性价比去考虑的话，石膏线的价格要便宜得多。但是若论材料性能，PU 线要比石膏线出众得多：从结构表现上对比，由于 PU 线的模具精细度更高，所以质感会更加细腻，立体感与细节感都更强，花型更多；而石膏线的模具往往都是翻模制成，因此细节度会更差些。除此之外，PU 线的耐用度也会胜于石膏线。

　　墙面线条的铺贴方式多种多样，我们总结了最为常见的几种形式，分别是：1：2：1框线、均分式框线、整墙框线以及半墙式框线。

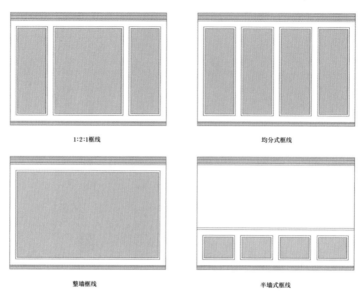

1:2:1框线　　　　　　　　　均分式框线

整墙框线　　　　　　　　　半墙式框线

▲墙面线条的铺贴方式

　　电视背景墙、钢琴厅、壁炉等位置，可以选择1：2：1框线的铺贴形式去区分功能主次；走廊等次要空间，可以选择均分式框线铺贴，具有较强的阵列感，一般来说修长的框线是比较美观的；而像餐厅、玄关等较小空间，整墙式框线可以将功能区完全囊括在内，与其他位置进行划分；半墙式框线则适合于层高较矮的空间，通过拉低视觉重心拉伸房屋高度。

　　当然，在以上铺贴方式的基础上，我们还可以添加一些细节，例如加入造型缱绻的角花，或在框线内部再加入一圈更细的线条去增强层次感。由于后期还要添置家具，要注意不要过度装饰，让原本优雅的空间变得乱糟糟。

▲石膏线与墙面角花的组合非常适合精致的轻法式风格

壁纸、墙板等材料在复古空间的应用

　　壁纸是全屋的色彩库，我们在挑选家具时，家具的颜色尽可能从壁纸颜色中提取，以保持空间配色的完整与统一。壁纸图案的挑选以及后续家具的选品非常具有挑战性，可能一念之差就会导致最终效果谬以千里，如果对自己的搭配能力不是很自信，可以尽量选择色彩饱和度低、花纹相对简洁的图案。

图片来源：青岛卉不离空间设计

图片来源：末那识室内设计

▲图案繁复而有序的壁纸只有大面积铺贴，才能更好地发挥出它的表现力与感染力

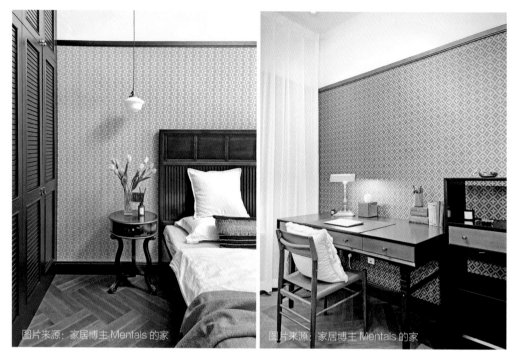

图片来源：家居博主 Mentals 的家　　　　图片来源：家居博主 Mentals 的家

▲相比场景类壁纸，图案简单有序的壁纸适合塑造无特殊情绪表达的空间，细小的花纹图案可以呈现出特殊的肌理效果，这是普通涂料无法比拟的

　　现代住宅中随处可见的护墙板其实并非现代产物，其历史可以追溯到公元前 970 年至公元前 930 年，古以色列联合王国大卫王之子所罗门建立神殿时，以磐石建造其主体，为了保证神殿内部不露出石头，采用大量香柏木将墙壁进行包裹，这就是世界上第一个"护墙板"。

　　护墙板的材质为木质，因此拥有较为优良的保温性与隔声性，再加上天然木纹赋予了它极佳的视觉效果，以至于到现在，护墙板依然是家居设计中的主流装饰材料。

　　比起墙面直接铺贴框线，欧式墙板的纹样虽然与之相近，但其材质的可发挥空间更大。

　　经过雕刻加工，护墙板有更为鲜明的凹凸肌理，并且花纹的细腻程度也是石膏制品无法企及的。

图片来源：安徽飞墨设计

◀护墙板多为烤漆工艺，所以光泽度和质感都不错，色彩也更为亮丽；尤其是实木护墙板，其自带的天然肌理与木质纹路，可以为空间带来更加鲜明的表现力与品质感

专栏

壁纸的由来

壁纸起源于 15 世纪的欧洲，最开始，贵族们的墙壁装饰多以壁画与挂毯为主。相传法国国王路易十一很喜欢在不同的城堡居住，他希望在搬家的时候能将这些"墙壁"也一并搬走，早期的壁纸装饰就这样应运而生。

后来，价格相对便宜的壁纸慢慢取代了挂毯，成为主流的墙面装饰材料并流传至今。比起墙面装饰线条，壁纸的表现力更加出色，我们可以通过所绘图案来营造不同的场景氛围。

拱形门洞构建空间感

在轻法式风格中，我们简单讲述了拱券的由来，也知道了它是起源于古罗马的一种竖向承重结构，并且随着时间的推移，在不同的地域被演化为各种形式。在很多的欧洲古典建筑内部，我们仍能看到保留得非常完整的建筑轮廓，它们为空间带来的是无与伦比的结构感与神圣感。

▲我们熟知的古罗马斗兽场就巧妙地融合了方形的柱式元素，组成了连续券和券柱式，具有极强的艺术表现效果

随着时代的进步与科技的发展，钢筋混凝土结构已经完全取代了砖（石）木混合结构，拱券、梁柱等建筑结构也已经不适用于住宅建造，但是我们依然可以在空间设计中，去再现那些流传了上千年的经典建筑元素。

图片来源：深白设计

图片来源：飞墨设计

▲拱形门洞不仅美观特别、自带艺术感，而且能弱化空间的冷硬感，让空间更显柔和。多个拱形门洞的使用，还会带来视觉上的延伸感

在室内空间中，较为常用的是平拱、圆拱、尖拱或三心拱，它们主要被应用于不同场景以及功能区的空间划分，用来装饰或优化建筑结构中相对突兀的梁体，将直角转换为更为柔和的曲线，使之成为框景。弧线或曲线自带优雅属性与美感，能为空间赋予别样的艺术氛围。如果空间允许，连续的拱形结构可以将建筑语言表达得更为鲜明，呈现出令人难忘的通透感及阵列感。不过，虽然拱形门洞适用范围非常广，但是不同形状的拱门所适用的场景是不同的。

| 平拱 | 三心拱 | 圆拱 | 尖拱 |

▲从最为平缓的平拱过渡到最为挺拔的尖拱，它们所需要的起拱高度逐渐增加

拱门的选择方法

对于一些跨度较大、横向距离宽的门洞，平拱与三心拱是最优选，它们的起拱位置不受距离影响，无论门洞尺寸大小，我们只需调整弧线样式即可。

对于两个相邻却尺寸不一的门洞，相同的起拱点与转角弧度才能使它们看起来相对和谐，因此平拱是最优选。

最为常见的圆拱，必须保证其直径与门洞宽度一致，因此更适合外形较为修长的门洞。通常来说，门洞高度与宽度比例保持在1：2或1：2.5是最为和谐美观的。

尖拱对于门洞的要求则更高，因此在普通的中小户型里比较少见。

图片来源：墨菲设计

▲相邻的门洞也可以选择不同的拱形设计

　　如果想让家中的古典氛围更浓厚，可以将拱券结构进行装饰。除了在其四周包覆欧式套线外，增加几个建筑构件也是不错的选择。

图片来源：虫工空间设计

图片来源：诗享家空间设计

▲常见的装饰有梁托、券心石等，它们原本都是起到固定、承压作用的建筑结构构件，现在已经演化为纯粹的装饰制品

图片来源：桐话空间

▲▶方形柱子沉着稳定，给人以不可动摇的力量感，使空间构图更为丰富

可以将承托起拱点的墙体结构换为古典柱式来实现券柱式结构。

图片来源：桐话空间

地面

在复古风格中，比起较为繁复的墙面、顶面设计，地面部分要简单得多，只要保证地面的呈现效果可以恰到好处地衬托起墙面以及家具就可以了。

拼花木地板兼具艺术感与舒适感

如果对于地面材质没有特殊要求，那就选择地板吧！从中世纪开始，地板就出现在住宅中了。随着时间推移，到了 19 世纪，地板已经被加工为一种表面光滑且极具光泽感的地面材料，并广泛地被应用在英国维多利亚时代的房屋之中。

地板的花色品种繁多，不同的树种表现出的色彩与纹路都各不相同，甚至同一树种以不同的方式刨切也会形成不同的纹理变化。

图片来源：云深空间　　图片来源：深白设计

▲在选择地板颜色时，只要保证其深度不浅于墙面，与墙面的色差不要太大即可；纹路选择则全凭个人喜好，不过细腻些的纹路总归是不容易出错的

专栏

地板材质的区别

市面上常见的地板材质分为强化复合地板、实木复合地板与纯实木地板，较为常用的材质以强化复合地板与实木复合地板居多。比起实木复合地板，强化复合地板性价比高并且花色多，性能上也更加稳定、不易变形，缺点是环保性较差。

实木复合地板表面由于是纯实木木皮，所以质感表现会更加优秀。如果想在家中尝试地板拼花，那实木复合地板的可加工性会高于强化复合地板。

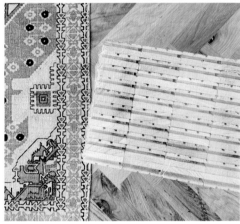

▲比起普通的直拼形式，拼花地板、人字拼地板层次错落有致，更具古典氛围

▼千万不要为了铺装方便，选择大片绘制着直拼或人字拼图案的方形木纹砖

图片来源：研己设计

地板的铺贴方式分为多种，除了最常见的直拼外，人字拼、鱼骨拼或更为复杂的拼花方式也非常适合应用在复古风格场景。

有些使用者会因为打理难度或环保问题而对使用地板犹豫不决，可以考虑一下木纹砖，这是一种纹路与颜色都无限接近于地板的瓷砖材料。但是在选型上要尽可能选择与地板尺寸相近或一致的瓷砖，这样才可以在后期铺贴的时候完全模仿地板的排列形式，力求达到视觉上的一致效果。

🎀 小面积花砖点缀空间调性

　　传统的手工花砖诞生于 19 世纪的英国工艺美术运动，后期流传到东南亚地区，而后被当地华侨带回中国，于闽、粤地区流行起来。因此，我们经常会在南洋风或港式风格中见到手工花砖的身影。

　　比起地板，手工花砖色彩浓郁且带有釉面光泽，其表面绘制的不同图案能创造出浓厚的叙事效果，可以应用于小空间的地面，如玄关、厨卫。

图片来源：桃弥设计

▲在部分区域使用花砖，一方面可以在视觉上区分空间，另一方面也可以作为色彩图案点缀，为空间的情绪表达提供着力点

如果想让空间拥有更加鲜明的艺术效果和十足的摩登范儿，简单的几何形体搭配极致的黑白色是不二选择。黑白撞色的铺贴方式由来已久，最为经典的案例被应用在法国凡尔赛宫。

▶黑白两色作为无属性色，拥有着极强的视觉张力，可以承托住任何空间色彩，十分百搭

▼广场地面上大小各异的黑白色大理石通过规整的几何关系有序排列，与巴洛克建筑交相辉映，庄严又极具摩登感

色彩

感受色彩带来的情绪

我们常常会通过色彩的设计和运用来了解使用者的性格。在进入一个空间时，大多数人第一时间感受到的便是室内色彩所展现的情绪，所以在室内设计领域中，色彩是最有表现力的要素之一。

先来简单了解一下关于色彩的三个属性：色相、纯度（饱和度）、明度。色相是指色彩本身的色别，是每个色彩的最大特征。纯度是指色彩本身的纯净程度，纯度越高，含有色彩成分的比例越大，当一个颜色纯度为零时，它便成为无彩色系，即黑白灰色系，我们平时所说的高饱和度色，指的就是那些看起来非常鲜艳的颜色。而明度指的就是一个颜色的深浅、明暗程度。

右图是一个色环，中间的三角为三原色：红、蓝、黄；外围是三原色混合后形成的间色：橙、紫、绿；最外围便是色环。

▲色环

每种色彩都有自身的特质，例如：看到红色，会联想到热情、温暖；看到蓝色，会联想到天空、冰冷；看到绿色，会联想到自然、安全。所以，不同的色彩运用到室内空间会有不同的氛围感和情绪表达。

那复古风要怎么搭配颜色呢？一个词：低饱和色。什么是低饱和色？两件一模一样的白色衬衫，一件穿了3年，一件是全新没有拆封的，放到一起，如何区分哪件是新的？我相信大部分人都会通过颜色去分辨，毕竟按照常识，用过的物品色泽肯定不如新的鲜艳。旧衬衫的颜色就属于低饱和色。最近几年非常流行的莫兰迪色系便是低饱和色，每一种颜色看似灰暗，实则高级优雅，营造出足以让人心神安宁的隐秘氛围。

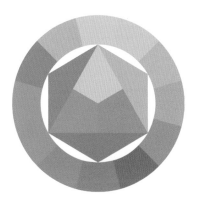 

▲将低饱和色运用到复古风空间是非常普遍的，并且由于其纯度较低，所以容错率高，基本上属于怎么搭都不会出错的类型

什么是对比色、互补色、无彩色系、同类色？

对比色：在一个色环之中，相隔 120° ～ 180° 的任意两个颜色均为对比色，当对比色排列在一起时，会产生较为强烈的色彩碰撞感。

互补色：当两个颜色相隔 180° 时，即为互补色，例如经典的组合红与绿就是互补色。

无彩色系：互为互补色的两个颜色混合在一起后，会成为无彩色系，即中性色。

同类色：指同一个色彩的不同色彩倾向，例如绿色可以被分为薄荷绿、草木绿等，它们皆为同类色。

莫兰迪色

最近几年经常被提起的莫兰迪色并不是单指一种颜色，而是指饱和度较低的灰色系配色。这种来自意大利艺术家乔治·莫兰迪一系列静物作品的色调，是基于他的画作总结出的一套色彩体系。

在用色上，他更偏向于使用色彩纯度较低的颜色，虽然这样画面色彩不够鲜明，但是反而将物品的朴素发挥到极致，散发出宁静与神秘的气息。

复古风色彩搭配实例

实例 1

背景色： 灰茶色，灰茶色比灰色更有温度，非常适合应用在复古风空间中。

主体色： 草木绿，草木绿自然松弛，与背景色共同营造了一个相对低调沉静的空间环境。

其他用色亮点： 相对明快的姜黄色沙发从画面中跳脱出来，成为空间主角，但因其饱和度仍保持在一个偏低的数值，故不会让人产生烦躁的感觉，沙发上的深色抱枕则起到了点缀效果。

总结： 综合来看，图中主要色系为黄与绿，在色环上位置相邻，所以搭配起来不会有明显的对比感；全屋所有颜色的色彩纯度和明度都保持在统一水准，整体画面都非常和谐温馨。

图片来源：青岛舟不离空间设计

实例 2

背景色： 白色，白色能够营造出较强的空间感。它也非常适合运用在一些采光差或面积较小的空间。木地板的颜色偏深，平衡了空间中大面积的白色。

主体色： 奶茶色，无论是沙发还是地毯，都是大面积的低饱和度、高明度色块儿，这些色彩将空间氛围烘托得格外轻松、优雅。

其他用色亮点： 黑色的大理石茶几点缀于客厅中间，将视觉中心稳稳地固定在画面中心。

总结： 这是一个非常明亮通透的空间，其配色方案是使用了从浅到深的中性色过渡再加上黑、白这样的无属性色，这种色彩搭配方法很难出错，只要掌握好色彩的明暗关系，分清主次，就能打造出一个温馨舒适的居住环境。

图片来源：深白设计

实例3

背景色： 裸色，百搭的裸色背景在画面中只要做好配角即可。

主体色： 褐红色，大面积的褐红色为空间铺垫了浓重的基调，尤其是穹顶的结构在自然光的映射下，拥有了丰富的明暗变化。

其他用色亮点： 家具选择了胡桃木色，烘托主体颜色，强调复古风格。餐桌上的半透明花瓶隐隐透出环境色，瓶中紫色马蹄莲尽显业主的别样气质。拱门内部的金色吊灯将主体色衬托得更加华贵，也起到了提亮的效果。

总结： 在这个局部空间中，主体色明度低、纯度较高，能够给人带来相对惊艳的视觉感受，同时传递出了看似沉静、实则热烈的带有女性特质的空间情绪。

图片来源：末那识室内设计

实例4

背景色： 灰色，客厅选择黑白灰色系，构建出层次分明的时尚空间。

主体色： 暗红色，拱券内部的走廊全部涂刷为暗红色，形成色彩鲜明的框景，空间瞬间拥有了热烈的情绪表达。

其他用色亮点： 射灯、餐椅以及家具把手中的金属元素巧妙地点缀在灰色背景间，充满摩登氛围。金色餐椅的酒红色坐垫也与走廊形成了色彩呼应。另外，卧室墙面为暗绿色，与拱券框景的暗红色形成对比，十分有趣。

总结： 这个空间拥有相对丰富的色彩关系。整个案例最大的亮点便是色彩表达，利用不同空间的连通制造色彩碰撞。虽然红绿搭配效果容易"翻车"，但是降低了饱和度后，这种对比在黑白灰的衬托下，显得高级了起来。

图片来源：晓安设计

实例5

背景色：黑色，大面积的黑色打底，营造深沉内敛的质感，同时为其他颜色的碰撞做铺垫。

主体色：红色，红色窗帘是此区域的视觉重点，打破了黑色与绿色的沉闷感。

其他用色亮点：大面积的绿色墙面与红色窗帘、姜黄色的靠枕和餐椅形成对比，为空间带来更多的时尚艺术感。

总结：小空间要尽可能规避这种配色方式，因为相比浅色调，深色会给人带来一种视觉上的压迫感。

图片来源：云深空间

前进色、后退色是什么？

前进色与后退色主要指的是色彩给人带来的空间感受，打个最直观的比喻：一个墙面涂满白色和一个墙面涂满黑色的空间，哪一个房间看起来会更大呢？我猜大部分人都会脱口而出是白色。这就是前进色与后退色的原理。

一般来说，饱和度比较高或明度高的颜色会从视觉上给人带来一种迫近感、前进感，因此对于一些小面积空间，这类颜色要慎用；相反的，饱和度低、明度低的颜色会从视觉上带来后退感，用在小空间会从视觉上扩大空间感。

第三章 案例解析

案例
1

老房新"生"，
90 m² 刚需秒获
浪漫法式范儿

空间设计及图片提供：合肥壹研空间设计

住宅信息

使用面积: 90 m²

家庭成员: 年轻妈妈 + 帅气小男孩

房屋类型: 两室一厅一卫

使用建材: 木纹砖、微水泥、岩板、木地板、电子仿真壁炉、极窄移门

改造亮点

1 利用前厅满足入户的储物要求,门口设有少量入户储物空间即可。

2 做开放式厨房设计,不仅打开了空间的视野,而且增加了空间的互动,同时让餐厅与厨房的功能渗透互补。

3 打通阳台和书房,采用分离式卫浴设计,形成迴游动线,释放空间,打造通透格局,让公共区域的尺度感最大限度地提升。

原始户型图

改造后平面布局图

利用阳光烘托公共空间的温暖氛围

90 m² 小三居的格局改为两居后，让家拥有了交互感更强的公共区域。

▲弧形沙发创造了一个围合空间，将一家人环抱在内，享受其乐融融的亲子时光

　　圣洁的奶油色空间在阳光映射下，更显温暖。人间烟火的平凡，才是生活美学的真谛。我们用鲜花和绿植来装点空间，不只是因为它们美丽生动，更是源于我们对生活的热爱。

▶壁炉内跳跃的火光，为空间创造出温馨美好的气息。壁画、壁炉和绿植明确了客厅的视觉重点，让白色空间不会过于单调和理性

利用阳光充裕的南阳台打造"小型庭院"，当关好窗户、拉上窗帘后，窗外的喧嚣已与我们无关。

▶琴叶榕向上生长着的枝干蕴藏着旺盛的生命力，在安静温暖的空间中格外惹眼

▼绿植为空间植入活力，足不出户享受身处庭院般的绿意

新颖配色凸显空间个性

　　将窄小的厨房设计和餐岛组合，有关饮食的琐事都变得简单而充满仪式感，奔波一天的身心从回家的那一刻开始收获极致的放松。

　　墨绿色的背景墙仿佛是被投入平静湖面的一粒石子，瞬间将空间唤醒，并与屋中的各式绿植呼应，使空间充满生机与活力。

▲用地面材质划分客餐厅各自范围，绿色背景墙、黑色餐边柜、多色餐椅等丰富的色彩元素彼此碰撞又和谐共处，造就了这个独一无二的生活空间

餐椅线条流畅优雅，复古感与时尚感并存。黑色橱柜带有细腻的木质纹路，品质感突出。设计师将功能区美观化，让家里有更多静谧有趣、赏心悦目之处，让人在不断更迭的潮流中保持对美好的追求和热爱。

▲白色行星造型的餐厅吊灯与黑色的橱柜形成强烈对比，也为餐厨区增添了天马行空的摩登感觉

▲风格迥异的餐厅和客厅空间和谐互动，并制造出更多变化和新鲜感

全屋墙顶面采用了奶油色涂料，并在主
卧室加入了深咖色系软装，泥土般的色调和
质感可以缓解都市生活的疲倦。

床头与床头柜体在色调、选材上呼应，玻璃质感的床头
灯点缀其间，让整个空间沉稳却又不失精致，色调安静
优雅，任凭时光在温柔的氛围中缓慢流淌

巧用浴帘划分卫浴动线

设计师采用前卫的分离式卫浴设计理念，将浴缸、洗漱区及坐便器区分而置之，形成洄游动线。

►▼独立浴缸是业主的私域，优雅的暗红色热烈又低调。拉上浴帘后，就能静静地享受这片属于个人的空间，释放一天的压力

案例
2

小户型高颜值
天花板，稳了！

空间设计及图片提供：安徽飞墨设计

住宅信息

使用面积： 84 m²

家庭成员： 年轻夫妻 + 可爱的女儿

房屋类型： 三室两厅一卫

使用建材： 木纹砖、乳胶漆、烤漆橱柜、釉面花砖、石膏线、长虹玻璃隔断

使用颜色： 白色、粉色、橡粉色、蓝色

原始户型图

改造亮点

1 为了解决入户后玄关到客厅一览无余的问题，设计师在玄关处安装了屏风，避免了隐私暴露。

2 卫生间原始面积比较小，借用隔壁次卧的一部分面积打造浴缸区，丰富卫生间的使用功能。

3 拆除次卧内部的隔断，与原走廊共同组成书房，满足了业主一家人的工作、学习需求。

4 为了让女主人拥有衣帽间，设计师将主卧与隔壁储藏室打通组成主卧套房。

改造后平面布局图

多样的功能区划分方式

　　这套住宅入户门打开以后就是一字形的客餐厅布局，没有独立的玄关空间。为了改善这一情况，设计师在玄关处安装了可旋转的长虹玻璃屏风，让玄关空间独立的同时也可保持通透。

　　原始户型中的餐厅与客厅是一字形排开的，分区并不明显。设计师在餐厅位置设计了石膏线做软隔断，不经意间将客餐厅区分开来。

▲可旋转的长虹玻璃屏风不仅划分出玄关空间，而且能将良好的自然光线引入玄关

▲用石膏线做玄关背景墙装饰，与屏风共同装饰玄关空间。藤编鞋柜方便进出时的收纳，其造型也能与全屋和谐共处并统一

▲用墙面线条划分功能区也是巧思之一

当空间相对局促的客厅与阳台打通后，整体空间更加通透。

▲客厅与阳台用拱形垭口过渡，柔美的线条弱化了承重墙的冷硬

客厅沙发墙选择白色乳胶漆做底色，四周石膏线造型让其更显精致。客厅天花板用复古粉色乳胶漆装饰，在明亮日光的晕染下，显得更加柔和且带着融融的暖意。空间中无论是造型设计还是用色都是点到辄止，繁复过度反而会让其显得更加凌乱和拥挤。

◀ 天花板与沙发墙衔接的部分用法式波浪板造型装饰，全屋的复古与精致在瞬间展现

▶电视柜选择藤编黑色柜体，简约复古，整个画面和谐美观

业主希望回到家之后是完全放松的状态，因此客厅的软装选型以复古、法式、精致、舒适这几个关键词为主。不管是羊羔绒面的餐椅、落地灯、组合装饰画，还是沙发、茶几等，都按照业主喜欢并且具有舒适、放松氛围的标准选择。

▲▶颇具复古韵味的摆件装饰与简约的背景搭配得刚刚好，不同材质混搭运用让空间的细节更丰富

阳台柜用亮色漆装饰，L 形的柜体因地制宜，让空间使用更加方便，也不会影响阳台通风与采光。

卫生间内部干湿分离，淋浴区与坐便器区和台盆区用过门石隔开，且淋浴区用浅色墙砖、地砖与干区的复古蓝色墙砖、地面花砖对比强烈，从颜色上就将这两个空间加以区分。

▲亮色的阳台柜与客厅的天花板呼应，不仅将公共区域的空间在视觉上分割开来，而且保持了空间的整体效果

▲卫生间台盆区的复古浴室柜柜门把手和水龙头、浴室镜等精致的五金件，围绕复古的优雅主题展开，蓝色打底的复古墙砖烘托了整个卫生间的美感和氛围

在实用的基础上实现颜值最大化

　　在餐厅对面打造西厨区和餐边柜，餐边柜由长1.2 m的柜体加台面收纳区和长0.7 m的冰箱收纳区共同组成，构成餐厅的整体收纳。在恬静的午后自制一杯香浓咖啡细细品味，给平淡的生活增添一点惬意。厨房的地柜用沉稳的颜色装饰，中和了上吊柜明艳活泼的粉色。

▲白色、亮色、深色三种搭配交织，呈现颜值与实用功能兼备的厨房

◀复古蓝花砖搭配复古橡粉柜门，营造复古法式氛围

主卧吊顶与墙面衔接处同样用了法式波浪板造型，这里的波浪板造型涂刷了白色乳胶漆，与主卧的整体墙面颜色保持一致。

▲与客厅的活泼不同，主卧以蓝色装点。纯净的用色可以缓解空间的压迫感，打造专属于休憩区域的宁静和安逸

衣帽间更是将"实用"与"审美"结合，让居住者能优雅轻松地完成梳妆打扮却没有收纳整理的负担。

▶衣帽间内部做了通顶收纳柜和悬浮梳妆台，沿着窗户设计的梳妆台与主卧窗户连通，让空间通透、自由

案例
3

90 m² 奶油色
复古轻法式,
慵懒浪漫

空间设计及图片提供:湖南舍间设计

住宅信息

使用面积： 90 m²
家庭成员： "90后"女性
房屋类型： 三室两厅一卫
使用建材： 木纹砖、乳胶漆、烤漆橱柜、釉面花砖、石膏线、长虹玻璃隔断

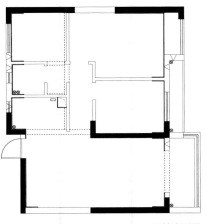

原始户型图

改造亮点

1 改变厨房推拉门的方向，利用弧形的造型，增大厨房空间并放入双开门冰箱。

2 在增加厨房茶水台空间的同时新增了入户玄关，客餐厅因弧形线条而更加柔和。

3 在过道区域连接处设计弧形门洞与弧形电视背景墙连接。

4 主卧房门改成双推门，将原次卧与主卧打通，改成衣帽间。

改造后平面布局图

▲划分墙面与顶面颜色，有利于增强空间的纵深感，让房子显得更高

设计师以法式风情的轻复古风作为基调，将慵懒浪漫的艺术气质与冬日温暖柔和的场景结合并呈现出来，同时将墙面颜色与顶面颜色进行了划分。 顶角运用到了石膏线以及石膏角花，视觉上增加了整体层高。阳台与客厅利用拱券明确划分，并保证了客厅的通透性。

▲拱券将温暖的自然光引入客厅，强化了奶咖色的色彩表达

奶咖背景色与简单角花铺垫复古氛围

入户进门后就是餐厅，侧边做成展示区和鞋柜，用颜色进行划分，鞋柜镂空区放置进门物品，并且设计了挂东西的地方和换鞋凳区域。

▶镂空的展示区既符合居住者的生活习惯，又让整墙鞋柜更有层次感

餐厅整体依旧以奶咖色系为主，清浅温柔的氛围感加上郁金香后，整个空间更加地生动了。厨房和餐厅之间有一个拱形窗洞，能增加不同功能区的互通性。除此之外，复古吊灯加上有法式元素的灯盘，弧形造型墙连接过道区域，背景墙采用石膏线和石膏角花，这些设计也为房间氛围感的营造加了不少分。

▲餐厅保持了与客厅一致的色彩，墙面线条、角花、郁金香、复古吊灯及灯盘将视线聚焦

电视背景墙上涂简单的墙漆，为了不那么单调，设计师在背景墙与过道区域增加了弧形拱券设计。此外，用复古小花地毯压住深色地板，也不会显得客厅过于空，地毯既区分了客餐厅，又让两者有连通性。

▲背景墙与过道区域的弧形拱券为整体家居氛围平添温柔之感，不会显得太过生硬

　　为了让整体更加和谐，沙发颜色选择了与墙漆差不多的奶咖色，并用一些不同色系的抱枕去点亮空间，让空间看上去没有那么单调。两侧背景墙中的石膏花纹相互呼应，丰富了造型线条，清爽而不失贵气，可折叠小茶几与沙发旁边的同色系边几相互呼应。

　　复古挂画使得整个空间充满艺术气质，再搭配一些复古的小摆件，慵懒浪漫。

▲地毯、抱枕等软装混搭，以及木质等天然材质为原有的家居色彩增添了质感上的层次

卧室延续甜美轻法式风格

　　主卧运用的是与客厅同样的色系搭配，白色顶、奶咖色墙，搭配法式复古的家具，用两个吊灯作为主光源，照亮整个空间。床头背景墙用简单石膏线和石膏角花设计出背景墙。

▶复古色百叶帘搭配非常法式的白色纱帘，飘窗平时可以用作看书、休息，沐浴着洒落进来的阳光，想想就很美好

▼两侧床头采用了不对称设计方式，左侧放置编织款床头柜，右侧安装长线复古吊灯，呈现出不规则的美

案例
4

中古家具重度
爱好者的现代
法式之家

空间设计及图片提供：虫工空间设计

住宅信息

使用面积： 135 m²
家庭成员： 年轻夫妻 + 可爱女儿
房屋类型： 四室两厅两卫
使用建材： 木地板、釉面花砖、
乳胶漆、烤漆橱柜、石膏线

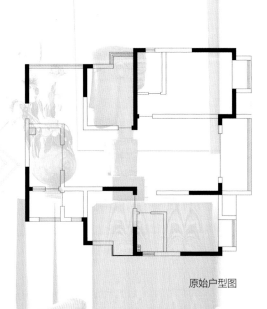

原始户型图

改造亮点

1 将原始入户空间一分为二，
独立出玄关与衣帽间。

2 将原始中厨拆掉，改为开放
式西厨与餐厅相连，中厨则改
到原生活阳台，客餐厅连通西
厨，空间开阔而通透。

3 利用业主喜欢的双开门元
素，增加空间的开阔感。

4 位移主卧门洞，利用主卧过
道部分做了双台盆洗漱区，释
放原本狭小的主卫空间，同时
做到干湿分离。

5 餐厅、客厅区域分别设置了
电视机与升降幕布，满足业主
观影需求。

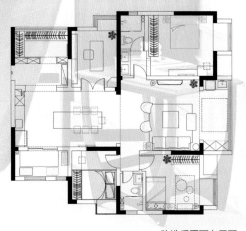

改造后平面布局图

复古感与现代感结合，碰撞出功能性十足的公共区域

设计师将业主前几年入手却无处安放的中古角柜放在玄关，同时搭配能让人找到 20 世纪家庭氛围的大理石边几，以及极具时尚感的熔岩灯，呈现出复古与现代相互融合的空间气质，透露出业主的精致优雅、随性自然。

玄关区用不同灰度的颜色打底，粉色的拱券与现代范儿十足的灯具制造出视觉焦点，也带来了利落的轻奢感

　　顶面无吊顶，辅助光源选用明装射灯的方式，同时设置墙面壁灯来丰富灯光的层次。公共区域选择木纹砖鱼骨拼通铺，既满足审美需求，又保证西厨及阳台晾晒等湿区的防水性。

▲客厅区域设置可升降投影幕布，可满足业主一家的观影需求

▼摒弃掉传统客厅的布局，以围合对坐的方式，减少家人间交流的距离感，提升空间的亲密氛围

　　由壁炉左侧进入主卧的"双开门"其实是单开门，原左侧门洞后面设计了主卧洗漱区，左侧原始门洞里封薄墙，外面则做固定扇，既满足了业主的双开门喜好，又让整面壁炉墙更整体、大气。

　　石材壁炉精致的雕刻与墙面精致的 PU 线搭配法式感满满。壁炉上方中古麻绳镜是业主坚持要选择的，最终呈现出的效果，毫无违和感。

▲在业主心目中巴黎公寓的样子中，壁炉是必不可少的元素，它永远占据着复古风客厅中的关键位置

　　看似浮夸的石膏角线极好地衬托出空间的摩登气质。胡桃木五斗柜上面陈设的雕塑是业主最得意的收藏品。

▲这样的麻绳镜虽然没有传统法式镜子的气势，但其精巧的尺寸刚好与墙面精致的线条相呼应，让空间显得更加的轻松与优雅

▲石膏角线勾勒出空间细节，中古木质柜体与陈设彰显出浓郁的复古底蕴，每个角落都独具特色

岛台作为入户玄关到餐厅的过渡，将西厨与餐厅串联。软装的植入更多地考虑到了现代人的生活习惯。

▶黑色岩板岛台美观实用，同时也作为餐边柜的补充

▲墙顶面的 PU 线条搭配白色涂料，营造出纯洁、复古的餐厅环境

▲业主就餐时有追剧的习惯，于是设计师将电视放置在餐厅区域。线条简洁的现代主义风格餐椅将空间点缀得极为摩登

材质与色彩的对比创造空间乐趣

　　将原始的主卧门洞位移，利用主卧过道的空间安放了双台盆洗漱区，主卫空间干湿分离，同时坐便器区与淋浴区得以扩展。

　　业主原本打算做开放式厨房，但是出于对油烟的顾虑，在设计师的建议下将中西厨分开。多了西厨的设置，也算是圆了业主开放式厨房的梦。

▶烟粉色涂料搭配黑色壁纸与高反光瓷砖，妩媚与硬朗并存，金色的把手与水龙头尽显轻奢质感

▲墨绿色橱柜搭配黄铜把手与壁纸，摩登又复古

书房算是业主集中展示中古收藏品的空间了。设计师摒弃了定制书柜，选择开放式书架，增强空间的开阔感。

深蓝的墙面与中古风的木作搭配，复古感十足

案例
5

"黑色"的理想
之家

空间设计及图片提供：晓安设计

住宅信息

使用面积： 100 m²
家庭成员： 一家三口
房屋类型： 三室两厅一卫
使用建材： 木地板、釉面花砖、
乳胶漆、烤漆橱柜、石膏线

原始户型图

改造亮点

 打造"阳台—客厅—餐厅"
一体化开放式空间，加强区域
之间的流通性与联系性。

2 将南面次卧改为书房，设置
双人位书桌，满足业主夫妻居
家办公的需求。

3 在客餐厅与主次卧过渡区设
计拱形门，契合整体复古风格，
更具个性化。

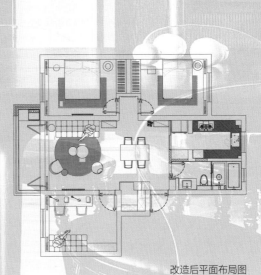

改造后平面布局图

大胆用色，突显空间摩登个性

客餐厅采用开放式设计，全身镜在无形中成为区域的划分，自然而不刻意。木地板贯穿始终，纹理清晰，材质温润，触感十分细腻。

▶沙发背景墙选用水泥灰乳胶漆，设计师放弃其他繁杂的设计，平铺直叙，只保留正方形立体勾边，为软装陈设做铺垫与映衬

黑色空间最注重的就是光影的设计，从阳台看向客餐厅，入眼皆是透亮的长虹玻璃门，在一体化的空间中，利用长虹玻璃将区域分割，既不影响采光，又能加强空间的通透性。除去对自然光线的利用，人为光源的布置也必不可少。

▲主灯选用贝壳风铃造型，通透的材质在黑色背景中更显晶莹，两侧对称的轨道灯勾勒空间轮廓，让空间更立体并富有层次感

▶▲绒面的砖红色单人沙发成为客厅的点睛之笔，搭配羊毛毯舒适又温馨，沙发旁放置一张小边几，营造出休闲的氛围，一家人在这个区域的相处与交谈更加轻松自在

客餐厅区域较为狭长，其中阳台半截窗的设计有利于采光，安装百叶帘可以实现对自然光线的合理调节，以轨道窗帘作为阳台与客厅的分割，避光隔热。

　　餐厅依旧延续了复古风，主体家具选用黑色，并点缀色彩鲜艳的凳子、摆件，形成强调与碰撞，让空间充满乐趣，也更加情绪化。另外，金属、亚克力以及玻璃等材质的加入，让室内元素更加丰富，沉静内敛的空间变得生动起来。

▲进入主次卧室的拱形门洞为空间增添了几分梦幻与灵动，拱形结构与复古风是绝佳的搭配。枫叶的红色调让这个家中动静空间的过渡区变得神秘又性感，暖色顶灯的笼罩更是让这个区域多了几分幽静的气息

利用厨房玻璃推拉门巧妙地解决了餐厅区域采光有限的难题。长虹玻璃颜值高，透光性能极佳，能够完美实现引入光线与保护隐私的双重效果，是室内隔断门窗的不二之选。

▲透过拱形门看餐厅，红色的门洞成为画框，空间在平衡中具有无限的美感

延续色彩碰撞，并使用多元材料增加质感与细节

主卧中全黑的床体给室内其他软装搭配提供了更好的发挥空间。皮质洞洞样式的床头靠背立体感十足，姜黄色的床品在床头的衬托下给予了空间更多的可能性。用梳妆台代替一侧的床头柜，一物多用，可以最大限度地节省空间，满足女业主的需求。

▲实木床结构轻简，款式大方，流露出自然、古朴之美，同时十分耐用

◀顶灯的压花玻璃围合出独特的造型，明亮干净，为空间增光添彩

　　次卧大胆运用红配绿，将色彩之间的碰撞发挥到极致，墨绿色床品与红色造型边几提升空间的视觉温度，让睡眠氛围更加温馨、舒适。

双人位书桌供夫妻两人办公，靠墙而放，构造合理的空间动线。

▲◄另一面墙粉刷墨绿色的漆，可缓
解长久用眼的疲劳感，柠檬黄沙发与
其搭配，营造出清新凉爽的氛围

▲柜体醇厚的木质感以及带有长虹玻璃的柜门，营造出复古、精致的氛围感

▲厨房实景

以成品边柜代替定制高柜，充分释放空间。边柜在这里充当小型水吧台，作为咖啡机与玻璃杯的收纳地。

案例
6

160 m² 的爱宠
之家

空间设计及图片提供：晓安设计

住宅信息

使用面积： 160 m²

家庭成员： 一家三口 + 宠物猫咪

房屋类型： 三室两厅一厨两卫 +
地下室

使用建材： 木地板、瓷砖、乳胶
漆、烤漆橱柜、石膏线、饰面板

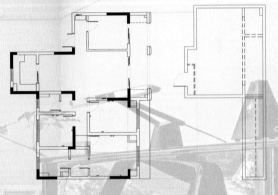

一层原始户型图　　　　负一层原始户型图

改造亮点

1 本案的一楼有地下室，但原
始户型没有楼梯通道。将阳台
打开并扩入室内，辟出一角做
楼梯通道，增加使用面积。

2 原始户型客厅太小，采光比
较弱且入户储物量不够。牺牲
一个卧室，将客厅、餐厅、阳
台整合成一个空间，入户玄关
既可以当作电视墙，又可以做
储物空间，提升空间利用率。

3 由于餐厅的移位，厨房空间
变大，增加西厨和早餐台，业
主可以方便地制作简餐。

改造后一层平面布局图　　改造后负一层平面布局图

现代与复古元素共同打造和谐美感

　　客厅经过改造后非常的通透，南面是巨大的落地窗和移门，将室外院子的葱葱绿意框成一幅"画"，平时可以在院子里莳花弄草，也可以舒服地窝在客厅沙发里，享受轻松生活。

▲落地窗将自然光线引入，让空间更加通透

客厅墙面饰以白色长城板，纵切设计凹凸有致，提升空间的线条感。黑色的双开吊柜用于收纳储物，与白色墙面形成鲜明的对比，经典、耐看。随处可见的绿植，既彰显业主对生活的热爱，又为家增添更多的生机、活力。

▲咖色胡桃木与长虹玻璃结合的茶几与沙发相得益彰，为以黑白配色为主的客厅空间增添了几分沉静的气质，也对复古风格进行了完美的诠释

▲中古边柜承揽餐厅的收纳功能，柜面可摆放各类书籍、盆栽、艺术品等

▲亚克力的餐桌腿极为轻薄，形态各异的餐椅别有一番趣味；敞开式的餐厅设计，让六人位的餐桌丝毫不显拥挤，软装家具的摆放也并无任何堆砌之感

▼极简中透着复古的拱门设计，将家中动静区分割开来，由动至静，有一种"曲径通幽"的真实感

以浅灰色吊柜作为电视墙，单一的墙面色强调了电视机的存在感。

电视墙悬空式的设计让空间更加轻盈，下方雾化壁炉栩栩如生，平添了几分家的温馨氛围

实用功能提高设计完整度

　　原本格局为餐厅和厨房挤在一起，采光和使用空间都非常有限。餐厅外移后，厨房扩为敞开式，活动空间更大，增加岛台和早餐区，台面长度和储物量都随之扩大，淡淡的薄荷绿色让烹饪的氛围更为活泼、轻松。

▲将厨房拆改为开放式，让整个动线变得更加流畅

　　主卧室营造出一种幽暗、沉静的氛围，半截式人字拼床头背景墙采用金属包边，提升空间的层次感，原木材质的加入也让睡眠空间更加舒适自然。以压花玻璃作为走廊与卧室的隔断，纹理细腻又十分通透。走廊尽头沿墙放置斗柜，分担卧室的储物压力。

◀床头柜藏露兼具，多样化的收纳功能方便床上物品的随手拿放，放上几本杂志，氛围感十足

▲储物柜的木质材料与细腿造型，搭配落地灯、装饰画、烛台及其他金属元素软装，复古气息十足。木质折纸波纹的落地灯散发出柔和的光线，为空间带来暖意

女儿房简单可爱，床头使用嫩粉和墨绿的拼色，用角花、石膏线条装饰，复古优雅。

▶床头的羽毛落地灯可以作装饰，也可以当作边几，兼具实用性与美观度

悬浮书桌与搁板置物架构建出简易办公区，千鸟格软座沙发可坐可躺，办公、休闲两不误，再加入绿植、精美落地灯及装饰画等元素，严谨的办公环境同样是业主独一无二的"居心地"。

▲百叶帘可随时调节自然光线，营造沉静、严谨的办公环境

地下室除了实现健身和观影功能之外，主要是为了给宠物打造一个舒适的生活空间，让业主在这里可以放松身心，自在逗猫。天井处是 7 只小可爱的家，家人也可以在这里观影、练瑜伽、逗猫、阅读，环境堪比沉浸式放松体验馆，是心灵修复的绝佳之地。

▲干净的线条、白色的墙壁、充足的光线，共同构建出斯堪的纳维亚式的地下室，颠覆了地下室昏暗的刻板印象

案例
7

潘神的花园

空间设计及图片提供：研己设计

住宅信息

使用面积: 128 m²

家庭成员: 独居女性

房屋类型: 三室两厅一卫

使用建材: 木纹砖、釉面花砖、乳胶漆、烤漆橱柜、石膏线、定制壁炉

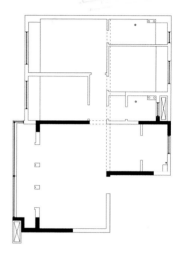

原始户型图

改造亮点

1 设计套房式主卧,将一间卧室更改为衣帽间。

2 打造开放式厨房,让两个空间都更加宽绰。

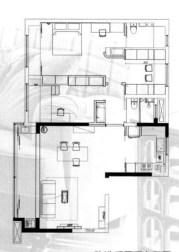

改造后平面布局图

复古风软装烘托文艺气质

设计之初，业主就明确表示客厅不要电视机。所以设计师将客厅的重心放在围合式的沙发上。

客厅和餐厅共享一个空间，顶部采用白色乳胶漆搭配双层石膏线。因为楼层较高，外部毫无遮挡，光照条件特别好，所以设计师大胆地给墙体涂上了低饱和度的乳胶漆，搭配白色墙裙，再用石膏线点缀，避免暗角过于阴暗。

▲地板使用深色仿木纹地砖，为丰富的软装提供了一个有高容纳度的背景

▲入户门边是定制的黑色柜体，柜子上设置一个横杆，搭配使用S形挂钩，可以挂放掸子之类的小物件

新古典竹节镜子、壁炉

软装的整体氛围感是比较浓的，丝绒沙发、雕花壁炉、地毯等的颜色都比较深。于是，设计师使用了金色与白色来提亮空间，保持了复古氛围的同时，不会显得跳脱和轻浮。

▲ 丝绒沙发搭配樱桃木玻璃茶几和拱门镂空造型的实木边桌，稳重又不会显得压抑

▲造型华丽的吊灯、挂画

　　在餐厅区域，设计师用蕾丝、碎花和绿植强调出田园般的自然清新感，与客厅作出区分。业主把龟背竹放在室内，植物散发出的勃勃生机，传递出业主对新家的认同。茶杯橱、定制餐边柜为空间提供更多实用功能，同时兼具美观性，契合空间气质。

▶餐边柜上方，利用墙体差挖出壁龛，增加空间的层次感

过道处做了弧形的门洞，顶部是被巧妙藏起的横梁，弧形可以弱化它的厚重感。

▶蕾丝帘用来隔断厨房和餐厅

主卧采用套房式设计，推门进去，右边是衣帽间，左边是睡眠区，正对门的弧形矮墙后则是一个完整的卫浴空间，设计师用玻璃窗作为隔断，颇有"小轩窗，正梳妆"的巧思和韵味。设计独特的玻璃窗是定制品，这不比从千百件成品中选出自己喜欢的简单，因为它赋予了家的唯一性，绝不会和别人"撞衫"。

▲玻璃窗是别出心裁的定制品之一，从中心的小椭圆伸展开去的枝条，是设计师从卤蛋中得来的灵感

根据空间特点选择配色

主卧床头背景墙用石膏板搭配石膏线装饰，一侧床头柜用花腿小边几取代，更加灵活生动。特别定制的床品散发出自然、质朴的活力。飘窗可放置软垫和靠枕，布置成舒适的休闲区。

▲卧室内均采用了实木家具，甚至百叶窗帘也使用了木质材料，木质的温厚感更适合睡眠区域

　　次卧用紫色和蓝色搭配出一种甜美、有趣的色彩体验，地台床和嵌入式柜体承担起储物功能。

▶▼紫色与蓝色再搭配上配色丰满浓郁的壁纸图案，仿佛把人带入到了童话世界中

浪漫托斯卡纳空间

空间设计及图片提供：诗享家空间设计

住宅信息

使用面积: 106 m²
家庭成员: 年轻夫妻
房屋类型: 三室两厅两卫
使用建材: 木纹砖、瓷砖、乳胶漆、双饰面家具、石膏线、罗马柱

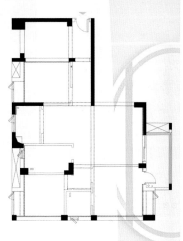

原始户型图

改造亮点

1 拆除靠近玄关的两房之间的隔断,打造自在舒适的大客厅。

2 原客厅位置改为餐厅,并将阳台纳入厅内,使空间更为宽敞明亮。

3 厨房向外延伸,借用原餐厅区面积增加岛台,让烹饪更加轻松自在。

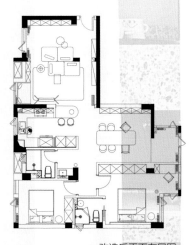

改造后平面布局图

围绕居住者需求打造多功能公共区域

为打造更加自在的公共休闲区，设计师拆除了靠近玄关区两房的隔断，设计宽敞明亮的多功能客厅。

业主是个"书迷"，家中藏书非常丰富，他需要一个大大的书柜，一方面满足自己的阅读喜好，另一方面为未来的宝宝营造一种书香氤氲的氛围。客厅舍弃了传统的电视背景墙和电视机，用投影幕布来代替，幕布可以根据使用需求灵活切换，让客厅更加无拘无束。

▲奶油色系、利落的线条及无主灯设计共同激发出空间的温柔感，用"软乎乎"的客厅帮助归家的业主放松下来

▼设计师突破了传统书柜概念的桎梏，以一种不动声色的方式设计书籍放置处，步步行走步步书，让空间被书香悄然包围

入墙式高柜中特意设计了低位的开放格，方便未来宝宝自主放置玩具、书籍。立足当下，考虑未来，舒适的家永不过时。

▲模块状沙发可分可合，搭配精致灵活的边几，这样温柔舒适的空间可以将平淡的日常演绎成一幕幕唯美情景剧

奶油色模块沙发在色调上呼应了客厅整体氛围，其灵活的布局方式也可以根据不同的情景需求随时调整，让生活可以在宅家和社交之间随心选择。和煦的阳光洒入室内，窝在沙发上看看电视、聊聊天，岁月静好在此刻有了现实写照。

▲将原始的飘窗拆改成卡座，与书柜构成了多元共存的空间。考虑到男业主因工作原因不常在家，拱门的半围拢形态为女业主打造安全感满满的居心之地

　　原餐厅位置做厨房的扩充空间，增设的吧台既是一个独立休闲区，又兼顾了区域之间的
互动需求，呼应独立又亲密的家庭关系。

▲半开放的设计可以让业主在做饭时及时与家人互动

女业主平时有在餐厅办公的习惯，需要一个兼具就餐、工作功能的复合型餐厅。将餐厅挪至原始客厅空间，并将与之相邻的阳台局部纳入室内。

▲奶油白墙面、精致线条装饰、玲珑灯光设计，这些设计元素让空间在视觉上保持空明简约，从容奏响自在生活的韵律节奏

"从容而优雅"的定位始终贯穿着项目的每一个细节，除了满足业主的审美需求，还要考虑空间的功能布局。

▲主卧在原始套房式结构的基础上将阳台扩入其中，着重于视觉容量，合理地对寝居空间做出细致安排

▲主卧的床头背景墙以深色长城板展开，板材横向铺排，强化横向视觉空间，其令人舒适的高度，蕴含设计师对立面空间界定的巧思

善用线条和结构传递复古韵味

不规则拱门造型搭配精致角花，多元的设计语言给人立体而不落俗套的视觉体验。

▶主体线条以素色为主，减少设计的刻意感，勾勒出轻松优雅的就餐氛围

简洁墙面上嵌入利落的线条，用材质本身的肌理构筑出现代、克制的体验式居所。

▲ 2.4 m 长的大餐桌瞬间让餐厅有了视觉主体，在满足家人聚餐和日常办公需求的同时，男业主平时在这里练习书法，也有更多的挥洒空间

▲整墙高柜通过色调对比突出线条，线条又将墙面均匀分割，与对面的线条所营造的精致氛围相互碰撞，分寸拿捏得刚刚好

线条、光影、几何在空间中优雅运用，如诗歌般时而舒缓，时而顿挫。

▲古典的立柱典雅庄重，与顶面穿插的结构造型相映成趣，营造出气势恢宏的浪漫

▲雕花与 PU 线小心谨慎地贴合到一起，让简洁的空间变得更精致、耐看

案例
9

"锦鲤"屋主
的法式优雅宅

空间设计及图片提供：墨菲空间设计

住宅信息

使用面积： 132 m²

家庭成员： 年轻夫妻 + 可爱女儿

房屋类型： 三室两厅两卫

使用建材： 木纹砖、拼花瓷砖、乳胶漆、双饰面家具、石膏线、罗马柱

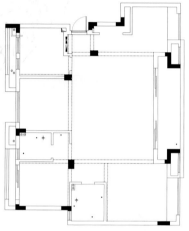

原始户型图

改造亮点

1 保留了3个卧室和独立的厨房，更多地考虑了业主家里未来人口结构的变化，私密性更强。

2 将多功能房和客餐厅定义为主从架构，利用偏移的效果在空间中制造出特殊的距离感。主要空间和附属空间既能彼此相连，又能明确区分。客餐厅和多功能房都有很好的视觉领域。

改造后平面布局图

纯白成为承载不同复古元素的画布

哥特、巴洛克、洛可可、新古典主义等都是欧洲不同时期的建筑、装饰的代表风格，文化、历史跨度以及宗教信仰的不同，导致其风格的多变与复杂。

▲属于各个时期风格的设计元素

　　整屋硬装只用了一种颜色——白色，而且对白色是有要求的，是超白。因为底色是纯色，白色又是一种很轻的颜色，同色度上硬装的细节不会那么容易被放大，视觉上更加和谐。

　　白色的大通面很好地消除了这些元素之间的对比度，削弱了空间的纵向压迫感。白色的基底也给了软装更多的发挥空间，包容性很强。

▲纯白色的背景如果没有细节的衬托，设计容易流于平淡，缺少优雅和精致感

▲▶吊顶、墙面选用有巴洛克风格元素的 PU 线条去营造精致感

　　卡座区域原始结构是较宽的上翻梁体，虽然宽度会比正常的飘窗稍窄，但高度却不低。最终的处理方式是加宽改造成了"卡座 + 储物"的形式，并且加做了洗衣机柜和烘干机柜。

▲垭口和通透的柜体既区分了空间的前后景别，又在视觉上削弱了入口柱体的存在感

厨房垭口墙体使用对称弧形造型，目的是让玄关处更加开阔宽敞，对称的设计也呼应了全屋的法式风格。

厨房内部空间的时尚感和门外的对称弧形造型碰撞出别样的生活质感

　　设计师在软装的挑选上别出心裁，将来自全球各地的装饰元素运用在本案里。所以说风格不会被限制，只需要遵循"美"这一永恒定律，任何搭配形式都是可以的。

▲青花瓷的花瓶

▲非洲部落风格的装饰挂件

现代与复古结合，让室内愈显生动

客餐厅的家具都没有选择法式，而是更偏向现代风格。因为本案的风格并非非常传统的法式，如果把家具换成法式，那么空间会显得过于庄重和繁复。

▲现代风格的家具不仅更符合居住者的使用习惯，而且能中和复古元素带来的年代感

主卧套间分为睡眠区、卫生间、衣帽间。其中卧室门使用了双开方式，让业主从进入房间开始就充满了仪式感。

▲超强的收纳设置，满足女业主各类衣物、包包、饰品的收纳需求

精致复古的梦幻家

空间设计及图片提供：末那识室内设计

住宅信息

使用面积: 90 m²

家庭成员: 一家三口

房屋类型: 两室一厅一卫

使用建材: 鱼骨拼地板、拼花瓷砖、
乳胶漆、烤漆、石膏线、护墙板

原始户型图

改造亮点

1 将原始户型中狭长的阳台划
分为两部分。一部分作为厨房
的烹饪区来使用;另一部分拆
掉原始墙体,作为客厅阳台来
使用,其中一面作为洗衣区,
另一面用来放置四开门冰箱。
这处改造使客餐厅空间更加开
阔,也改善了采光的情况,将
光线引入客厅。

2 把原始的卫生间做出了干湿
分离,让每个功能都有自己的
独立区域。

改造后平面布局图

▲地面上 15 mm 宽的铜色压条将地板和大理石瓷砖自然地过渡

客餐厅一体化

客厅和餐厅是一个开放式空间，墙面做了复古的墙裙设计。在颜色上，设计师选择了温暖的咖啡色，营造出温馨的包围感。

一进门，映入眼帘的是一排陈列有序的书柜，既可以作为餐桌区域的背景，又完美衔接了餐厅和客厅。餐厅空间摆放了黑色实木餐桌和复古餐椅，别致的造型繁复却不浮夸，低调厚重、韵味十足。

客厅入口处的左手边靠墙的位置设计了一个小型壁炉，设计师简化了壁炉上的纹饰和复杂结构，并且搭配了超大幅油画，使空间极具艺术感。

客厅区域与卫生间干区通过藤编屏风和地面材质进行区域划分。

▶壁炉和油画共同构成了公共空间的视觉重点

▲卫生间干区以一面极其精致的复古圆镜为中心，水龙头和挂钩同色呼应；仿古水磨石地砖、镀铬银色把手将整个空间衬托得更具复古气息

　　阳台区域和主卧区域同样通过地面材质区分。主卧室内复古、温馨，营造出良好的睡眠环境，整体配色明亮大方。

▲鱼骨拼木地板可以丰富空间的层次感

▲阳台是业主的阅读角落，设计师在此设置了舒适并且可以躺平的多功能单人沙发，同时搭配阅读边几。业主希望后期在此区域加入大量绿植，打造出颇具生机的花园般的阅读阳台

清新配色诠释森系复古风

　　卧室刻意选用橄榄绿色与白色搭配，清新干净的氛围能为小朋友创造一个高效学习的空间，具有稳定空间的作用。

▲悬空式的半高储物柜满足了业主多书、多包的储物需求，墙面处使用了一条贯穿的分色线条，让空间更加精致，也呼应了床头的墙裙

　　厨房依旧是橄榄绿色搭配米白色，更显干净清爽。稻谷砖与几何线条花砖的运用，增添了生活的小情调。

▶中厨区域设置了超大洗菜盆，抽屉加上地柜储物空间，满足了业主"超多锅"的收纳需求